AF450766

SUITES

A

BUFFON

PLANCHES

Livraison

ZOOPHYTES INFUSOIRES.

PARIS

A LA LIBRAIRIE ENCYCLOPÉDIQUE DE RORET.

Rue Hautefeuille, N.º 10 bis.

EXPLICATION DES PLANCHES

ZOOPHYTES INFUSOIRES.

PLANCHE 1re.

Fig.

1-*a*. *Bacterium termo*, grossi 300 fois. (De l'infusion d'agaric sec.)

1-*b*. Le même supposé grossi 1600 fois.

2. *Bacterium catenula*, grossi 300 fois. (D'une infusion fétide de haricots.)

3. *Vibrio lineola*. (D'une infusion de cétoine sèche.) — *a* grossi 500 fois ; — *b* supposé grossi 1000 fois.

 (*Nota*. Le *Vibrio lineola*, de l'infusion de chair avec oxalate d'ammoniaque, est de deux cinquièmes plus grand.)

4. *Vibrio rugula*, grossi 400 fois. (Des infusions de chenevis et de cantharides.)

5. *Vibrio serpens*, grossi 300 fois. (De l'infusion de chair avec nitrate d'ammoniaque.)

6. *Vibrio bacillus*, grossi 300 fois.

7. *Vibrio ambiguus*, grossi 260 fois. (De l'infusion de chair avec acide oxalique.)

8. *Spirillum undula*.—*a* grossi 260 fois ,—*b* grossi 1200 fois.

9. *Spirillum volutans*, grossi 300 fois.

10. *Spirillum plicatile*, grossi 300 fois.

11. *Amiba princeps*, grossie 100 fois. (Elle fait avancer à la fois ses deux branches en y poussant la substance glutineuse dont elle est formée avec les granules nombreux et variés qui s'y trouvent engagés et qui montrent bien la direction du mouvement.)

12. *Acineta tuberosa*, grossie 150 fois , d'après M. Ehrenberg.

13. La même contractée.

14. *Miliola vulgaris*, grossie 20 fois. (Avec ses expansions étalées à la paroi interne d'un flacon d'eau de mer.)

15. *Vorticialis strigilata*, grossie 20 fois. (Ses expansions, mal exprimées dans la gravure, sont transparentes, en filaments très-déliés.)

16. Expansions de la *Gromia oviformis* , grossies 650 fois, pour montrer comment elles se soudent entre elles.)

17. Expansions de la *Gromia fluviatilis*, grossies 300 fois, pour montrer comment elles forment des mailles variables en se soudant.

Fig.

18. *Actinophrys marina*, grossie 320 fois.—*a* ayant ses expansions allongées filiformes,—*b* ayant ses expansions contractées et renflées à l'extrémité.)

19. *Actinophrys digitata*, grossie 190 fois. (Elle adhère au porte-objet et paraît susceptible de s'étirer (voyez Pl. 3).

20. *Actinophrys difformis*, grossie 200 fois.

21. *Dinobryon sertularia*, grossi 200 fois.

22. *Dinobryon petiolatum*, grossi 300 fois.

PLANCHE 2.

1. *Gromia fluviatilis*, grossie 180 fois. (Ayant ses expansions étalées et rampant sur le porte-objet.)

2. La même en repos et commençant à émettre ses expansions.

3. *Arcella vulgaris*, grossie 200 fois.—*a* ayant son têt brisé par écrasement et faisant sortir des lobes de la substance vivante d'où partent des expansions variables, — *b* un des lobes vu séparément, lorsqu'il a commencé à vivre en quelque sorte pour son compte en émettant des expansions très-longues et rameuses, — *c* la même Arcelle vue de côté.

4. Coque vide d'une Arcelle montrant bien les réticulations fines de la surface.

5. *Arcella vulgaris*, très-jeune, diaphane et creusée de vacuoles, grossie 550 fois.

6. *Difflugia globulosa*, grossie 150 fois.

7. *Euglypha tuberculosa*, grossie 400 fois.—*a* vue de côté,—*b* vue perpendiculairement.

8. Une autre Euglyphe de la même espèce à tubercules moins nombreux, grossie 340 fois.

9-10. *Euglypha alveolata*, coques vides grossies 340 fois.

11. *Trachelomonas volvocina.* — *a* grossi 300 fois, — *b* grossi 430 fois, *c*-*d* deux Trachelomonas écrasés pour montrer comment le têt se brise en fragments anguleux.

PLANCHE 3.

1. *Amiba diffluens*, grossie 400 fois. (Les figures *a*, *b*, *c* expriment les divers changements de forme que cette Amibe a présentés à quelques minutes d'intervalle.)

2. Voyez 26.

3. *Actinophrys sol*, grossie 300 fois. (Cette espèce est quelquefois deux ou trois fois plus grande.)

4. *Actinophrys digitata*, grossie 300 fois. — *a* ayant ses expansions allongées, — *b* se contractant.

Fig.

5. *Monas lens*, grossie 800 fois.

6. *Cercomonas lobata*, grossie 850 fois. (D'une infusion de gélatine avec du sel marin, de l'oxalate d'ammoniaque et du phosphate de soude.)

7. *Cercomonas truncata*, grossie 1000 fois. (D'une infusion de gélatine et de phosphate de soude.)

8. *Cyclidium crassum*, grossi 850 fois. (Dans l'eau d'une ornière près de Paris en novembre.)

9. *Amphimonas dispar*, grossie 900 fois. (D'une vieille infusion de réglisse.)

10. *Cercomonas acuminata*, grossi 500 fois.

11. Le même, plus développé.

12. *Monas attenuata*, grossie 600 fois.

13. *Monas elongata*, grossie 450 fois.

14. *Trepomonas agilis*, grossi 400 fois.

15. *Chilomonas granulosa*, grossi 700 fois. (L'échancrure oblique d'où part le filament n'est pas assez prononcée dans la gravure.)

16. *Hexamita nodulosa*, grossi 1200 fois.

17. *Anthophysa Mulleri*, grossie 300 fois.

18. Un animalcule isolé d'Anthophyse, grossi 500 fois.

19. Spongille.—*a* parcelles de la Spongille déchirée, rampant à la manière des Amibes, — *b* parcelles de la même pourvues de cils vibratiles et s'agitant dans le liquide, — *c* spicules hispides, — grossies 350 fois.

20. *Diselmis viridis*, grossie 700 fois.

21. La même, comprimée légèrement et laissant exsuder le Sarcode.

22. *Diselmis angusta*, grossie 900 fois.

23. *Zygoselmis nebulosa*, grossie 650 fois, et diversement contractée.

24. *Peranema globulosa*, grossie 500 fois.

25. *Volvox globator*. Une portion de l'enveloppe commune avec quatre animalcules, grossie 700 fois.

26. *Amiba inflata*, grossie 700 fois. (Cette espèce, remarquable par sa forme renflée, et par ses prolongements étroits, peu nombreux, n'a pas été décrite dans le texte ; elle se trouvait au mois de novembre dans de l'eau de Seine, conservée avec des herbes depuis quinze jours.)

27. *Polyselmis viridis*, grossie 450 fois. (La figure exprime moins de filaments qu'il n'y en a réellement.)

PLANCHE 4.

1. *Trinema acinus* grossi 650 fois. — *a* vu de côté, — *b* vu en dessus.

2. *Amiba radiosa*, grossie 330 fois.

Fig.

3. La même , plus développée avec ses bras flottants.

4. *Amiba brachiata*, grossie 500 fois.

5. *Amiba ramosa*, grossie 400 fois. (Dans l'eau de mer.)

6. *Amiba Gleichenii*, grossie 300 fois.

7. *Monas lens*, grossie 1000 fois.

8. *Monas globulus*, grossie 400 fois. (Dans l'eau de mer.)

9. *Monas nodosa*, grossie 450 fois. (Dans l'eau de mer.)

10. *Monas fluida*, grossie 1000 fois. (Elle montre à l'intérieur , dans une grande vacuole, des granules agités du mouvement brownien.)

10*. *Amphimonas brachiata*.

11. *Cyclidium abscissum*, grossi 500 fois.

12. *Cyclidium distortum* , grossi 850 fois.

13. *Trichomonas vaginalis* , grossi 600 fois.

14. *Trichomonas limacis* , grossi 800 fois.

15. *Cercomonas longicauda* , grossi 1000 fois.

16. *Cercomonas globulus*, grossi 500 fois.

17. *Cercomonas lacryma*, grossi 1000 fois. (Dans une infusion de gélatine avec nitrate d'ammoniaque.)

18. *Cercomonas crassicauda* , grossi 1500 fois.

19. *Cercomonas cylindrica*, grossi 1000 fois. (D'une infusion de mousse.)

20. *Cercomonas acuminata* , grossi 600 fois.

21. *Cercomonas fusiformis*, grossi 500 fois. (D'une infusion de mousse.)

22. *Heteromita ovata*, grossie 300 fois. (Dans l'eau de Seine.)

23. *Heteromita granulosa*, grossie 500 fois. (Dans l'eau de mer un peu altérée.)

24. *Heteromita ? angusta*, grossie 520 fois. (Dans l'eau de marais putréfiée.)

27. *Anisonema acinus*, grossi 750 fois.

28. *Anisonema sulcata*, grossi 560 fois.

29. *Kolpoda cucullus*, grossi 300 fois. — *a, b, c, d*, plusieurs individus dans l'état normal avec des vacuoles vides ou colorées artificiellement avec du carmin, — *e* une des vacuoles vue plus près pour montrer comment le centre est occupé par une substance plus réfringente , — *f* la même vue plus éloignée de l'objectif, — *g* un Kolpode commençant à se décomposer en laissant exsuder le Sarcode en lobes arrondis, diaphanes, dont l'un est déjà creusé de vacuoles, — *h* un Kolpode décomposé brusquement par l'approche d'une plume trempée dans l'ammoniaque. Le Sarcode forme des lobes étirés, et l'on voit des gouttelettes huileuses soit éparses, soit occupant le centre des vacuoles.

30. *Volvox globator* , grossi 70 fois.

PLANCHE 5.

Fig.

1. *Cryptomonas (Tetrabaina) socialis.* — *a* quatre individus groupés, grossis 450 fois, — *b* un individu isolé, grossi 650 fois, — *c* un individu, montrant à l'intérieur un commencement de division spontanée.

2. *Cryptomonas (lagenella) inflata*, grossi 310 fois.

3. *Plœotia vitrea*, grossie 500 fois. (De l'eau de mer conservée depuis deux mois.)

4. *Oxyrrhis marina*, grossie 320 fois.

5. *Phacus pleuronectes*, grossi 600 fois. — *a*, *b* deux individus avec les disques incolores, — *c* un disque incolore isolé, — *d* un individu mort avec les côtes bien marquées.

6. *Phacus longicauda*, grossi 560 fois.

7. *Phacus tripteris*, grossi 650 fois.

8. *Crumenula texta*, grossi 650 fois.

9. *Euglena viridis*, grossie 350 fois. — *a* nageant librement, — *b* contractée en nageant, — *c* contractée sur le porte-objet, — *d* devenue immobile.

10. *Euglena viridis.* — *a* deux Euglénes écrasées pour faire voir comment la substance verte intérieure se répand au dehors, *ω* disque incolore réfractant plus fortement la lumière (ce signe a été par erreur marqué 10), — *b* la partie antérieure de deux Euglénes dont l'une a trois points rouges.

11. *Astasia inflata*, grossie 340 fois. — (Dans l'eau de mer.)

12. *Astasia limpida*, grossie 400 fois.

13. *Astasia contorta*, grossie 350 fois. — (Dans l'eau de mer.)

14. *Heteronema marina*, grossie 400 fois.

15. *Euglena geniculata*, grossie 280 fois.

16. Une autre Euglène grossie 400 fois et supposée être de la même espèce.

17. *Euglena spirogyra*, grossie 400 fois.

18. *Euglena acus*, grossie 350 fois.

19. *Euglena deses*, grossie 350 fois.

20. *Ceratium hirundinella*, grossi 280 fois.

21. *Ceratium tripos*, grossi 260 fois. De la mer Baltique (d'après M. Ehrenberg).

PLANCHE 6.

1. *Pleuronema crassa*, grossi 500 fois.

2. *Enchelys nodulosa*, grossie 600 fois.

3. *Alyscum saltans*, grossi 400 fois.

Fig.

4? *Lacrymaria farcta* , grossie 375 fois. (Cette espèce n'est pas décrite dans le texte.)

5. *Acomia inflata* , grossi 560 fois. (Cette espèce , longue de 0,046, n'a pas été décrite dans le texte ; elle vit dans l'eau des marais déjà altérée.)

6. *Chilodon cucullulus* , grossi 450 fois.

7. *Plœsconia affinis* , grossie 300 fois.

8. *Trachelius falx* , grossi 450 fois.

9. *Trachelius falx* , grossi 450 fois.

10. *Kerona pustulata* , grossie 300 fois.

11. *Kerona pustulata* , grossie 300 fois, mutilée et déformée.

12. *Acomia ovata* , grossie 450 fois. — *a* individu dans l'état normal avec une vacuole , — *b* individu mourant avec une expansion sarcodique creusée de vacuoles.

13. *Glaucoma scintillans* , grossi 500 fois.

14. *Kerona pustulata* , accidentellement divisée en trois lobes par une fibre ligneuse ; les lobes vivants et agités fortement par le mouvement des cils, tiennent encore entre eux par un cordon de la substance charnue , glutineuse.

14*. La même une heure plus tard, lorsque l'un des cordons s'étant rompu, un des lobes *b** est devenu libre et paraît être un nouvel animal.

15. *Acineria acuta* , grossie 750 fois.

16. *Trachelius anaticula* , grossi 450 fois.

17? *Trachelius falx* , grossi 450 fois.

18. *Kerona pustulata* , grossie 300 fois, comprimée entre deux lames de verre et expulsant divers corps étrangers qu'elle avait avalés ; l'ouverture par laquelle a lieu cette évacuation se refermera complétement ensuite.

PLANCHE 7.

1. *Amphimonas caudata* , grossi 800 fois. (D'une infusion de gélatine avec oxalate d'ammoniaque.)

2. *Cryptomonas globulus* , grossi 700 fois.

3. *Cryptomonas inæqualis* , grossi 600 fois.

4. *Enchelys triquetra* , grossie 500 fois. — *a-b-c* individus vivants avec des vacuoles plus ou moins prononcées , — *d* individu mourant laissant exsuder le sarcode.

5. *Acomia cyclidium* , grossie 300 fois. — (De l'eau de mer.)

6. *Acomia vitrea* , grossie 600 fois.

7. *Acomia? ovulum* , grossie 600 fois.

8. *Gastrochœta fissa* , grossie 300 fois.

9. *Enchelys nodulosa* , grossie 800 fois. — *a* dans l'état normal , commençant à se creuser de vacuoles , — *c* laissant exsuder le sarcode , — *d* immobile et creusée d'une grande vacuole

Fig.

10. *Trachelius lamella*, 230 fois.

11. *Enchelys corrugata*, grossie 500 fois. — *a* individu plus étroit, — *b* individu plus large repliant son bord antérieur contre les obstacles. (De l'eau de mer.)

12. *Enchelys ovata*, grossie 700 fois.

13. *Uronema marina*, grossie 450 fois.

14. *Trachelius teres*, grossi 300 fois. — (Dans l'eau de mer).

15. *Trachelius strictus*, grossi 650 fois.

16. *Enchelys subangulata*, grossie 800 fois.

17. *Dileptus anser*, grossi 300 fois. — *a* dans l'état normal faisant sortir d'une vacuole postérieure les substances non digérées, — *b* contracté, — *c* commençant à se décomposer, — *d* une portion du contour de cet Infusoire se décomposant par diffluence et émettant des lobes sarcodiques.

18. *Euglena spirogyra*, grossie 650 fois. (Le graveur a omis le filament flagelliforme qui était très-visible.)

PLANCHE 8.

1. *Ploesconia patella*, grossie 300 fois.

2 et 3. La même vue de côté.

4. La même mourant et commençant à se décomposer.

5. *Paramecium aurelia*, grossi 300 fois, et en voie de se colorer artificiellement en avalant du carmin.

6 *a* et 6 *b*. La même mourant et laissant exsuder le sarcode en larges expansions discoïdes. (On y voit les vacuoles rayonnantes prises par M. Ehrenberg pour des vésicules séminales.)

7. *Paramecium caudatum*, grossi 300 fois.

8. *Glaucoma scintillans*, grossi 300 fois. (Coloré artificiellement par du carmin avalé depuis plus de douze heures.)

9. *Glaucoma viridis*, grossi 300 fois.

10. *Spathidium hyalinum*, grossi 300 fois.

11. *Planariola rubra*, grossie 480 fois. (Dans l'eau de mer.)

PLANCHE 9.

1. *Leucophrys striata*, grossie 500 fois. (Dans les lombrics.)

2. La même en voie de se multiplier par division spontanée.

3. La même près de se décomposer et laissant exsuder le sarcode.

4. *Leucophrys truncata*, grossie 250 fois. (Non décrite dans le texte, est peut-être une variété de la précédente.)

5. *Leucophrys nodulata*, grossie 300 fois. (Dans les Lombrics.)

6. La même, commençant à se déformer.

7. La même, laissant exsuder le sarcode.

8 La même, dans les expansions sarcodiques de laquelle on voit paraître des vacuoles

Fig.

9. La même, dont la décomposition est plus avancée et dont le sarcode forme un large disque creusé de vacuoles.

10. *Opalina naidum*, grossie 320 fois. (Dans les Naïs.)

11. *Opalina* trouvée avec la précédente dans les Naïs.

12. *Plagiotoma lumbrici*, grossie 300 fois. (Dans les Lombrics.)

PLANCHE 10.

1. *Coccudina costata*, grossie 900 fois. — *a* vue en dessous, — *b* vue par derrière.

2. *Coccudina crassa*, grossie 300 fois. — *a* vue obliquement, — *b* vue en dessous.

3. *Coccudina polypoda*, grossie 400 fois. — *a* vue en dessous, — *b* vue de côté.

4. *Diophrys marina*, grossi 400 fois. — *a* vu en dessous, — *b* vu de côté.

5. *Plœsconia crassa*, grossie 350 fois. — *a* vue en dessus, — *b* vue de côté.

6. *Plœsconia cithara*, grossie 360 fois. — *a* vue en dessus? — *b* vue de côté.

7. *Plœsconia scutum?* — *a* déjà un peu altérée, — *b-c* plus altérée et en partie décomposée, — grossie 320 fois.

8. *Plœsconia charon*, grossie 400 fois, — vue en dessous.

9. *Plœsconia longiremis*, grossie 400 fois. — *a* vue en dessus, — *b* vue obliquement, — *c* vue de côté. (Dans l'eau de mer.)

10. *Plœsconia vannus*, grossie 320 fois. — vue en dessous. (Dans l'eau de mer.)

11. *Plœsconia balteata*, grossie 300 fois, — vue en dessus.

12. *Plœsconia longiremis?* grossie 400 fois. — *a* mourante par l'effet de l'odeur d'ammoniaque, — *b* morte.

13. *Plœsconia charon*, grossie 360 fois· — altérée par la pression et continuant à vivre.

14. *Ervilia legumen*, grossie 350 fois. (Dans l'eau de mer.)

15. *Trochilia sigmoïdes*, grossi 360 fois. (Dans l'eau de mer.)

PLANCHE 11.

1. *Acomia vorticella*, grossie 280 fois.

2. ? *Acomia costata*, grossie 400 fois.

3. ?? *Acomia varians*, grossie 700 fois.

4. *Acineria incurvata*, grossie 600 fois. (Dans l'eau de mer.)

5. *Pelecida rostrum*, grossie 200 fois. (Elle est remplie de Navicules.)

6. *Dileptus folium*, grossi 450 fois.

7. *Dileptus granulosus* (voyez page 409), grossi 400 fois.

8. *Trichoda angulata*, grossie 500 fois.

Fig.

9. ? *Loxodes signatus*, grossi 280 fois. (Cette espèce, observée dans l'eau de mer, n'a pas été décrite dans le texte à cause de l'incertitude de sa détermination.

10. *Oxytricha pellionella*, grossie 340 fois.

11. *Oxytricha lingua*, grossie 300 fois.

12. *Oxytricha gibba*, grossie 320 fois.

13. *Oxytricha rubra*, grossie 350 fois. (Dans l'eau de mer à Cette.)

14. *Oxytricha incrassata*, grossie 300 fois. (Dans l'eau de mer.)

15. *Oxytricha ambigua*, grossie 380 fois. (Dans l'eau de mer.)

16. *Oxytricha radians*, grossie 280 fois. (Dans l'eau de mer.)

17. *Amphileptus fasciola*, grossi 500 fois.

18. *Nassula viridis*, grossie 320 fois. — *a* Nassula ayant avalé plusieurs brins d'oscillaires et laissant voir le faisceau dentaire, — *b* Nassula commençant à se décomposer et laissant exsuder le sarcode en disques incolores.

PLANCHE 12.

1. *Holophrya brunnea*, grossie 200 fois. — *a* dans l'état normal, — *b* gonflée par des aliments.

2. *Kondylostoma marina*, grossie 130 fois. — *a-b* dans l'état normal plus ou moins allongée, — *c* légèrement comprimée, — *d* rendue libre après avoir été comprimée, et portant des exsudations sarcodiques, — *e* comprimée et près de se décomposer.

3. *Spirostomum ambiguum*, grossi 200 fois. — *a* nageant librement, — *b* le même glissant entre les herbes, — *c-d* l'extrémité postérieure de son corps.

PLANCHE 13.

1. *Coccudina cicada*, grossie 500 fois.

2. *Kerona mytilus*, grossie 225 fois.

3. *Kerona mytilus*, repliée et déformée par la pression.

4. *Kerona silurus*, grossie 300 fois.

5. *Plœsconia subrotunda*, grossie 400 fois.

6. *Oxytricha caudata*, grossie 300 fois.

7. *Kerona pustulata*, grossie 250 fois.

8. *Chlamydodon Mnemosyne*, grossi 220 fois. (D'après M. Ehrenberg.)

9. *Loxodes cucullulus*, grossi 500 fois.

10. *Loxodes reticulatus*, grossi 500 fois.

11. *Loxodes marinus*, grossi 400 fois.

12. *Opalina lumbrici*, grossie 250 fois.

13. *Opalina ranarum*, grossie 300 fois. — *a* vue par dessus, — *b* une portion de tégument réticulé.

PLANCHE 14.

1. *Lacrymaria tornatilis*, grossi 560 fois.

2. *Pleuronema crassa*, grossie 400 fois.

3. *Pleuronema marina*, grossie 300 fois.

4. *Glaucoma scintillans*, grossi 800 fois. — *a* Glaucome colorée artificiellement par le carmin et comprimée de manière à montrer la bouche latéralement ; elle laisse en même temps exsuder du sarcode ; — *b-c* la bouche vue séparément en variant la distance de l'objectif du microscope.

5. *Kolpoda cucullus*, grossi 300 fois. (Cet individu est remarquable par sa surface fortement granuleuse ou tuberculée.

6. *Loxophyllum Meleagris*, grossi 190 fois.

7. *Panophrys chrysalis*, grossi 280 fois. (Dans l'eau de mer.)

8. *Panophrys rubra*, grossie 300 fois. (Dans l'eau de mer.)

9. *Panophrys farcta*, grossie 200 fois. — *a* comprimée avec vacuoles et exsudations de sarcode : elle contient des globules résistants qui servent de noyau aux vacuoles, — *b* plus décomposée avec épanchement de la substance interne, — *c-c* vacuoles lobées vues isolément.

10. *Loxodes dentatus*, grossi 300 fois. — *a* individu montrant un disque granuleux à bord perlé et un faisceau dentaire oblique, — *b* autre individu incliné de manière à montrer le faisceau dentaire en saillie, —*c* Loxodes vu de côté.

11. *Vorticella ramosissima*, grossie 20 fois.

12. *Vorticella lunaris*, grossie 350 fois.

13. *Melicerta biloba*, grossie 70 fois.

14. *Lacinularia socialis*, grossie 100 fois.

PLANCHE 15.

1. *Stentor Mulleri*, grossi 150 fois. — *a* complétement étendu avec la membrane antérieure convexe, — *b* montrant la bordure de cils recourbée vers la bouche, — *c* montrant la frange latérale et un commencement de division spontanée, — *d* Stentor en voie de se multiplier par division spontanée, — *e* Stentor contracté en partie et nageant ; il montre un pli oblique, — *f* plus contracté, nageant.

2. *Stentor polymorphus*, vu en dessus pour faire voir la structure de la membrane antérieure.

3. Globule de sarcode spontanément creusé de vacuoles, sorti d'un Stentor mourant.

PLANCHE 16.

1. *Halteria grandinella*, grossie 350 fois. — *a* vue en dessus, — *b* vue de côté, — *c* en partie décomposée par la pression, mais se contractant encore par saccades.

Fig.

2. *Urceolaria stellina*, grossie 400 fois. — *a* vue de côté, courant sur une hydre, — *b* vue en dessus, — *c* vue de côté, nageant librement, — *d* vue obliquement, nageant librement.

3. Infusoire (*Opalina ?*) courant à la surface d'un Distome de la Grenouille, grossi 200 fois.

4. *Scyphidia rugosa*, grossie 300 fois.

5. *Vorticella infusionum*, grossie 750 fois. — *a* complètement développée et montrant déjà les cils de sa base, — *b* contractée et nageant librement au moyen des cils de sa base, — *c-d* allongée en forme de cylindre, et nageant librement.

6. *Vorticella* à pédicule oblique, grossie 500 fois. (Dans une eau de marais conservée longtemps.)

7. Autre Vorticelle fusiforme, grossie 300 fois.

8. *Opercularia* (voyez page 540), grossie 420 fois. — *a* contractée, — *b-d* en voie de se colorer en avalant du carmin. On voit comment la cavité buccale se creuse de plus en plus jusqu'à ce que le rapprochement des parois en détache une vacuole ou vésicule stomacale ; la petite flèche (fig. *d*) indique le mouvement des Vacuoles devenues libres.)

9. *Vorticella infusionum*, grossie 420 fois. (Dans l'eau d'une ornière colorée en vert par des Euglènes.)

10. *Coleps hirtus*, grossi 500 fois. — *a* nageant librement, — *b* en voie de multiplication par division spontanée, — *c* altéré par la pression, et laissant exsuder un disque de sarcode.

PLANCHE 16 *bis.*

1. *Vorticella citrina*, grossie 325 fois. — *d* dans l'état normal, — *b* colorée artificiellement, et montrant bien l'ouverture buccale, — *c-d* vues de côté pour montrer comment les cils paraissent former une double rangée, — *e* montrant la cavité buccale plus profonde, *f* en voie de se colorer en avalant du carmin qu'on voit accumulé, au fond de la cavité buccale, par le mouvement des cils vibratiles, — *g* colorée artificiellement et légèrement comprimée, — *h* la même plus fortement comprimée, se creusant spontanément de vacuoles nombreuses, et laissant sortir le Sarcode en lobes ou disques transparents.

2. *Vorticella gracilis*, grossie 325 fois. (Dans l'eau de marais conservée pendant longtemps.) Elle n'est pas décrite dans le texte.

3. *Vorticella striata*, grossie 320 fois. (Dans l'eau de mer à Cette.) Elle n'est pas décrite dans le texte.

4. *Epistylis plicatilis*, grossie 400 fois. — *a* individu développé, — *b* le même plissé en se contractant.

5. *Vaginicola inquilinus*, grossie 300 fois. (Dans l'eau de mer.)

Fig.

6. *Vaginicola cristallina*, grossi 350 fois. — *a* un individu bien développé, — *b* en voie de se multiplier par division spontanée longitudinale, — *c* individu contracté, — *d* à moitié développé.
7. *Vaginicola ovata*, grossie 450 fois.

PLANCHE 17.

1. *Rotifer vulgaris*, grossi 250 fois. — *a* allongé, ayant ses appendices contractés, — *b* partie antérieure vue en face avec les appendices étalés, — *c-d* la même vue de côté.
2. *Rotifer inflatus*, grossi 250 fois. — *a* nageant avec ses appendices étalés, — *b* allongé pour ramper, — *c* extrémité antérieure avec les cils vibratiles agités, — *d* le même contracté en boule.
3. *Callidina constricta*, grossie 260 fois.

PLANCHE 18.

1. *Salpina brevispina*, grossie 200 fois. — *a* vue en dessus, — *b* vue de côté.
2. Mâchoires et œil du même systolide. — *a* point oculiforme, — *b* support (*fulcrum*), — *c* tige des mâchoires (*scapum*), — *d* dent, — *e* branche du support.
3. *Plagiognatha felis*, grossie 250 fois.
4. *Pterodina patina*, grossie 260 fois. — *a* nageant au moyen de ses appendices ciliés que Müller représente à tort comme des cornets, — *b* en repos, ayant ses appendices contractés, et ses deux cordons latéraux obliques (muscles?) lâches flexueux.
5. *Colurella uncinata*, grossie 300 fois.
6. *Plagiognatha lacinulata*, grossie 250 fois.
7. *Chætonotus larus*, grossi 500 fois.
8. *Chætonotus squamatus*, grossi 320 fois.

PLANCHE 19.

1. *Hydatina senta*, grossie 150 fois. — *a* l'Hydatine bien développée et agitant ses cils vibratiles, — au-dessous à gauche est représenté un des organes (respiratoires?) vibratiles internes, — *b* mâchoires de l'Hydatine grossie 300 fois.
2. *Enteroplea hydatina*, grossie 200 fois.
3. *Notommata aurita*, grossi 260 fois.
4. *Euchlanis oblonga*, grossie 300 fois. (Le graveur a négligé d'indiquer que les stylets de la queue sont articulés au milieu.)
5. *Furcularia tomentosa*, grossie 300 fois. (Dans l'eau de mer.) — *a* contractée, — *b* partie antérieure de la même, allongée.
6. *Ptygura Melicerta*.

Fig.

7. *Floscularia ornata*, grossie 300 fois. — *a* ayant ses cils étalés ; — *b* ayant les cils rapprochés, — *c* mâchoires (depuis la gravure de cette planche, j'ai vu à Rennes les mâchoires d'un Flosculaire avec une double dent de chaque côté), — *d* œuf de Flosculaire avec un point oculiforme rouge.

8. *Stephanoceros Eichhornii*, grossi 100 fois (d'après M. Ehrenberg).

Au bas de la planche est indiquée l'apparence produite par le mouvement vibratile des cils (voyez page 580).

PLANCHE 20.

1. *Navicula hippocampus*, grossie 470 fois.
2. *Navicula turgida* (*N. Zebra*), grossie 300 fois.
3. *Navicula viridula*, grossie 300 fois.
4. *Cocconema lanceolatum ?* grossi 500 fois.
5. *Cocconema gibbum*, grossi 600 fois.
6. *Navicula fulva*, grossie.
7. *Eunotia arcus*, Ehr., grossie 310 fois.
8. *Fragillaria turgidula ?*
10. *Bacillaria vulgaris*, grossie 316 fois, — *b* un segment de cette Bacillaire grossi 850 fois.
11. *Gomphonema acuminatum*, grossi 500 fois.
12. *Gomphonema truncatum.* — *a* grossi 350 fois, — *b* grossi 820 fois.
13. *Navicula fulva ?* grossie 500 fois.
14. *Tessella pedicellata*, N grossie 200 fois.
15. *Isthmia telonensis*, grossie 200 fois.
16. *Euastrum ursinella*, grossi 780 fois.
17. *Euastrum margaritiferum*, grossi 480 fois.
18. *Arthrodesmus quadricaudatus*, grossi 300 fois.
19. *Staurastrum*, grossi 400 fois.
20. *Micrasterias.*
21. *Arthrodesmus acutus.*
22-23. *Micrasterias*, grossie 660 fois.

PLANCHE 21.

1. *Salpina spinigera*, grossie 300 fois.
2. *Brachionus urceolaris*, grossi 160 fois.
3. *Rattulus carinatus*, grossi 270 fois.
4. *Lepadella patella*, grossie 300 fois. — A, ayant ses organes vibratiles contractés, — *b* la partie antérieure à moitié développée.
5. Partie antérieure d'une autre *Lepadella* complétement étalée.
6. *Polyarthra platyptera*, grossi 400 fois, — B appendices de la bouche.

Fig.

7. *Notommata vermicularis*, grossie 300 fois, — *b c* ses mâchoires.
8. *Plagiognatha hyptopus*, grossie 300 fois.

PLANCHE 22.

1. *Albertia vermiculus*, grossie 200 fois. — A ayant son appendic
   cilié, contracté, — *d d* organes vibratiles internes, dont l'un plus
   grossi est représenté en **D**; — *g g* glandes ou cœcums de chaque côté
   de l'œsophage, — *v* vessie contractile. — B Albertia ayant ses cils
   vibratiles développés et agités en avant; elle laisse voir en *e* un em-
   bryon replié sur lui-même dans l'ovaire, — C mâchoires de l'Albertia.
2. *Lindia torulosa*, grossie 210 fois. — A comprimée, — B allongée
   — C mâchoires.
3. *Plagiognatha auriculata*, grossie 260 fois.
4. *Furcularia marina*, grossie   fois. — A avançant beaucoup ses mâchoires, — B montrant les cils vibrabiles, — C, D mâchoires vues
   en face, — E mâchoires ouvertes vues en face.
5. Mâchoires du *Notommata microps*.
6. Tardigrade grossi 160 fois. — A vu en dessous, rempli de globules
   granuleux, — B.
7. Appareil maxillaire et bulbe pharyngien du *Macrobiotus Hufelandi*,
   grossi 400 fois.
8. *Emydium*, grossi 130 fois. — A vu en dessous. — B partie antérieure
   du même, grossie 300 fois.

FIN DE L'EXPLICATION DES PLANCHES.

PARIS. — IMPRIMERIE DE FAIN ET THUNOT,
IMPRIMEURS DE L'UNIVERSITÉ ROYALE DE FRANCE.
RUE RACINE, N° 28, PRÈS DE L'ODÉON.

ERRATA ET ADDENDA.

Page 14, ligne 9, *au lieu de* Diatomés, *lisez :* Diatomées.
26 4   niment   finiment.
31 30 *ajoutez :* voyez aussi Pl. VI, fig. 14 de cet ouvrage.
48 25 au lieu de *Dynobryum*, lisez : *Dinobryens*.
Ibid. *ibid.* supprimez *tintinnus*.
50 12 au lieu de *Dynobryum*, lisez : *Dinobryon*.
55 11 *ajoutez :* (Dilepte à long cou, voyez p. 407).
79 8 au lieu de *amphileptus*, lisez : *Dileptus*.
106 24   Trichodines,   Haltéries.
121 11   styles,   stylets.
125 10   styles,   stylets.
127 26   styles,   stylets.
ibid. dernière   *Chtonotus*,   *Chætonotus*.
133 22-23   en corne,   corniculés.
134 30   styles,   stylets.
135 4   styles,   stylets.
ibid. 10   enn acelle,   en nacelle.
142 29   unes porule,   une sporule.
144 1   ; après,   . Après.
ibid. 4   vers Nématoïdes,   Vers nématoïdes.
145 28   , et le reste,   . Le reste,
157 7   indiquée,   indiqué.
160 10   sur lesquels,   chez lesquels.
162 1   *Catroteta*,   Catotreta.
ibid. 9   reconnaître exactes,   reconnaître comme exactes.
ibid. 32   *enchéleins*,   *enchéliens*.
164 17   cet hiver,   en hiver.
184 1   dans tel compartiment que la loupe, ou....
     lisez : dans tel compartiment, que la loupe ou....
188 23 *au lieu de* Holophrye,   *lisez :* Holophre.
ibid. (note) 31   planche VIII,   Pl. XI, fig. 18.
ibid. 32   planche IX,   Pl. XII, fig. 1.
200 6   et dont l'épaisseur,   son épaisseur.
203 9   plus clairs et plus,   tantôt plus clairs, tantôt plus.
205 3   (0,2 millimètres),   (1,2 millimètres).
207 23   Dynobryum,   Dinobryon.
213 25 *supprimez :* le 27.
220 8 *au lieu de* 12 à 15 inflexions, *lisez :* ayant 12 à 15 inflexions.
237 20   pleuroneste,   pleuronecte.
286 12 *ajoutez devant le mot* CYCLIDE : 2e GENRE.
290 19 *ajoutez :* Pl. 4, fig. 15.
296 26 à la fin de la ligne,   *lisez :* des
301 22 *au lieu de* est ou la bouche,   est, ou la bouche,

Page 313 ligne 9 *ajoutez :* Je l'ai trouvé abondamment aussi au mois de mars dans les fossés des environs de Rennes.

319 à la fin de la page, *ajoutez :* Je me suis convaincu que mes *Cryptomonas-tetrabaena* sont vraiment à réunir aux *Gonium.*

343 27 *au lieu de* Pl. V, *lisez :* Pl. III.

345 10 Pl. V, Pl. IV.

ibid. 13 0,20, 0,02.

ibid. 20 Pl. V, Pl. IV.

365 2 *ajoutez :* et Pl. VII, fig. 18.

370 27 *au lieu de* fig. 26, *lisez :* fig. 27. (*Nota.* C'est la figure située au-dessous du Chilomonas, fig. 5, et de l'Hexamita, fig. 16.)

377 1-2 Pl. IV, fig. 2, *lisez :* Pl. V, fig. 20.

378 3 Pl. IV, fig. 29, Pl. V, fig. 21.

390 1 fig. 3, fig. 4.

ibid. 24 Trachelins, Trachelius.

ibid. 30 *ajoutez :* Pl. VII, fig. 16.

394 6 *au lieu de* des cils, *lisez :* de cils.

897 7 0,082 0,028

400 8 fig. 8, fig. 15.

ibid. 14 fig. 9, fig. 14.

415 19 *ajoutez :* Pl. XVI, fig. 1 *a-b-c.*

423 31 au lieu de *forcata,* lisez : *foveata.*

449 25 à la fin de la ligne, non contractile.

453 23 *ajoutez :* Pl. XIV, fig. 10.

456 après la ligne 4, *ajoutez :*

ORDRE Ve.

Infusoires ciliés, pourvus d'un tégument lâche, réticulé, contractile, ou chez lesquels la disposition sériale régulière des cils dénote la présence d'un tégument.

Page 459, ligne 10, au lieu de : *Leucophra striatys*, lisez : *Leucophrys striata.*

471 à la fin de la page, *ajoutez : Lacrymaria farcta.* Longue de 0,10, vivant dans l'eau des fossés autour de Paris. (Voyez Pl. VI, fig. 4.)

484 à la fin de la ligne 7, *lisez* : dans le

485 8 *ajoutez :* Pl. XI, fig. 17.

492 effacer les parenthèses aux indications des figures pour les trois Panophrys, lignes 11-17-26.

ibid. 26 au lieu de : *Panophys,* lisez : *Panophrys.*

493 10 antéreur, antérieur.

495 20 Inf. Pl. XXXVII, fig. 2; Pl. XI, fig. 18), lisez : Inf. Pl. XXXVII, fig. 2.) — Pl. XI, fig. 18.

500 2 (fig. 1-6), *lisez :* (fig. I *b.*)

511 5 avant *Bursaria :* ajoutez un astérisque *.

515 4 *mettez entre deux virgules ces mots :* , près de la surface,

524 28 *mettez entre parenthèses ces mots :* (Ehr. Inf. Pl. XXIII, fig. 3.)

Vibrions — Amibes — Dinobryon — Acinète — Rhizopodes.

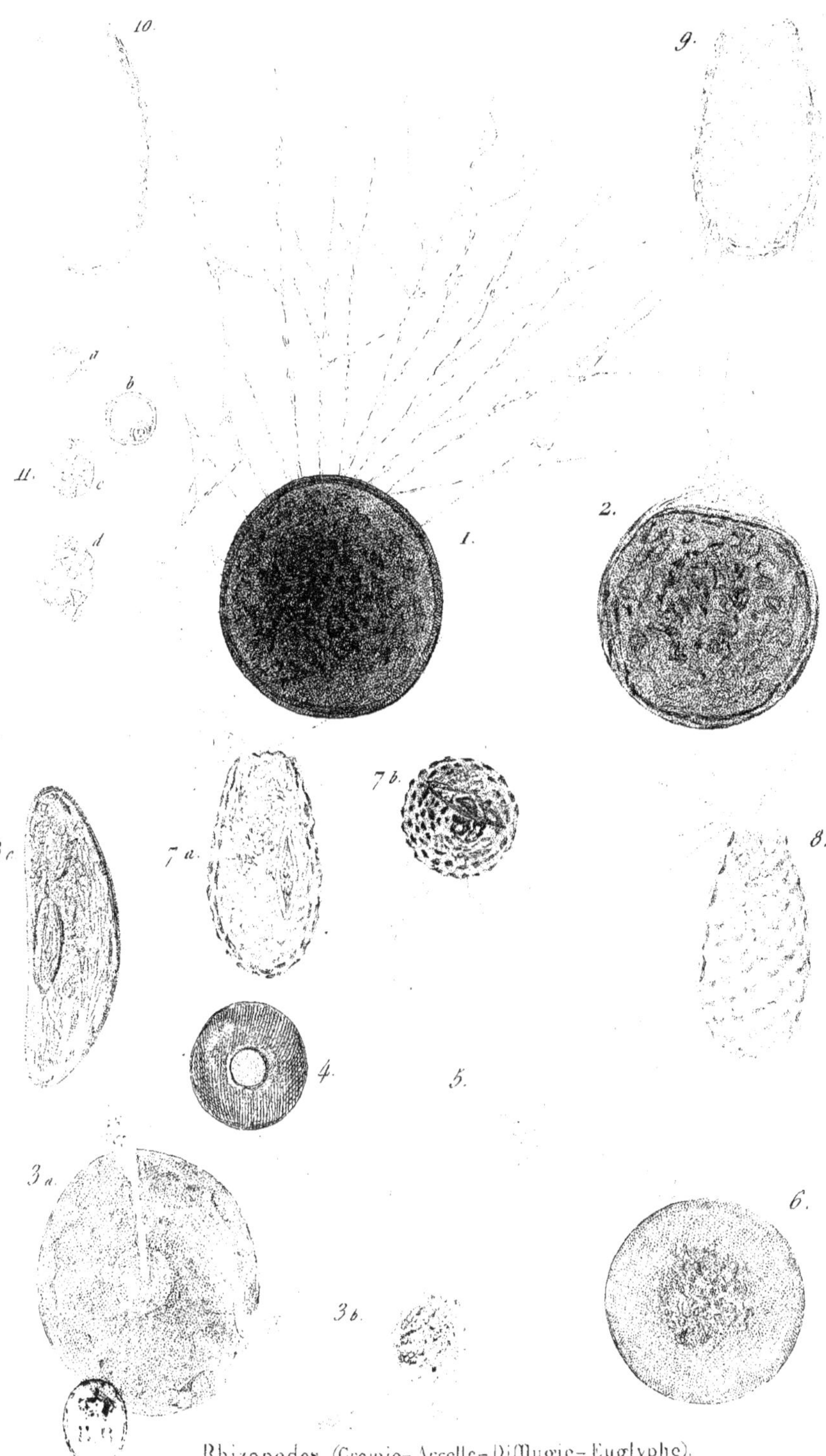

Rhizopodes (Gromie - Arcelle - Difflugie - Euglyphe).

Monadiens — Dischnis — Amibes — Spongille &c.

Mongeot sc

Amibes Monadiens Volvox Kolpodes.

Pl. 5.

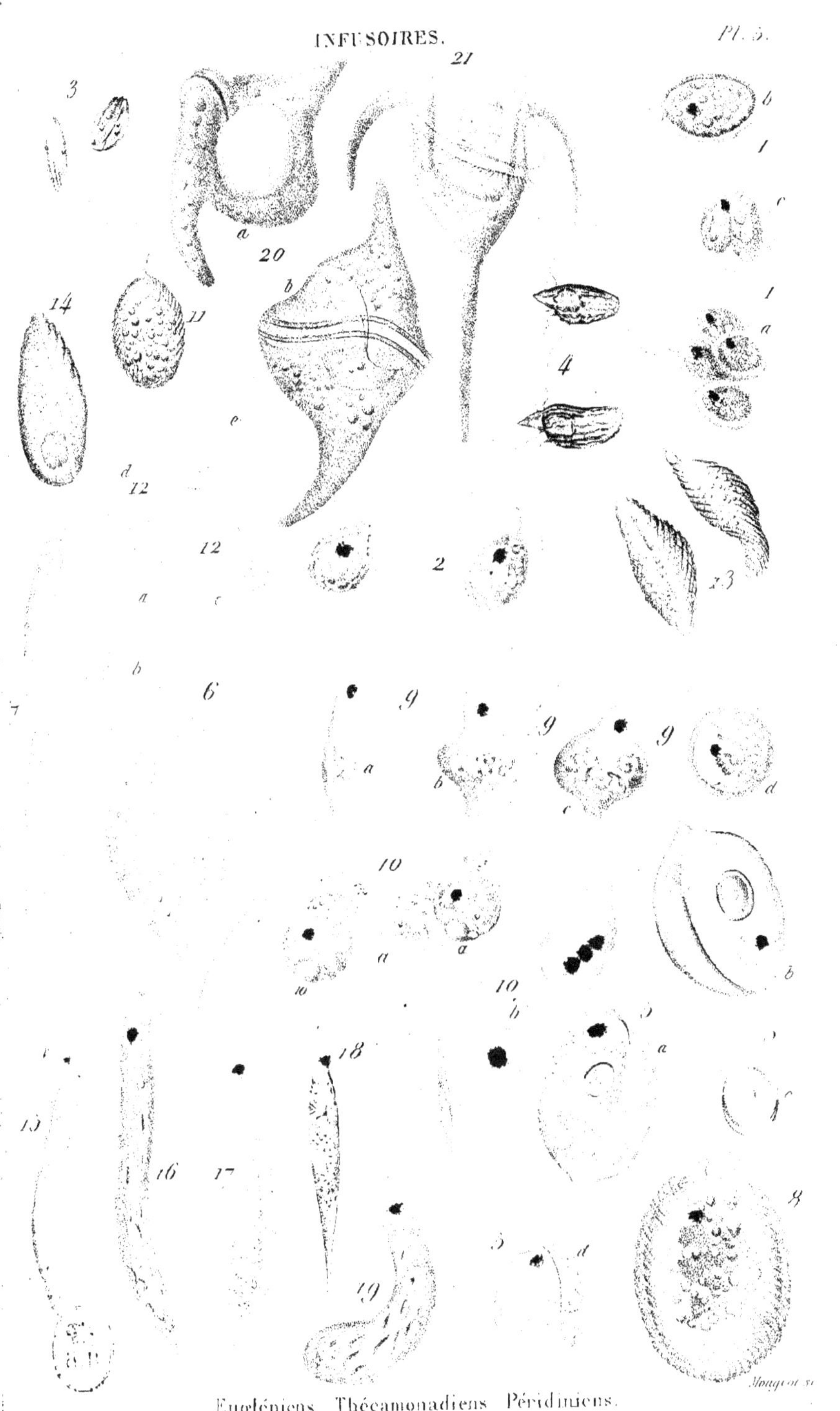

Eugléniens Thécamonadiens Péridiniens.

Pleuronème – Chilodon – Kérone &.

INFUSOIRES.

Pl. 7.

Monadiens, Enchelyens, Dilepte &c.

Chardard sc.

Ploesconie, Paramecies, Glaucome, Spathidie et Planariole.

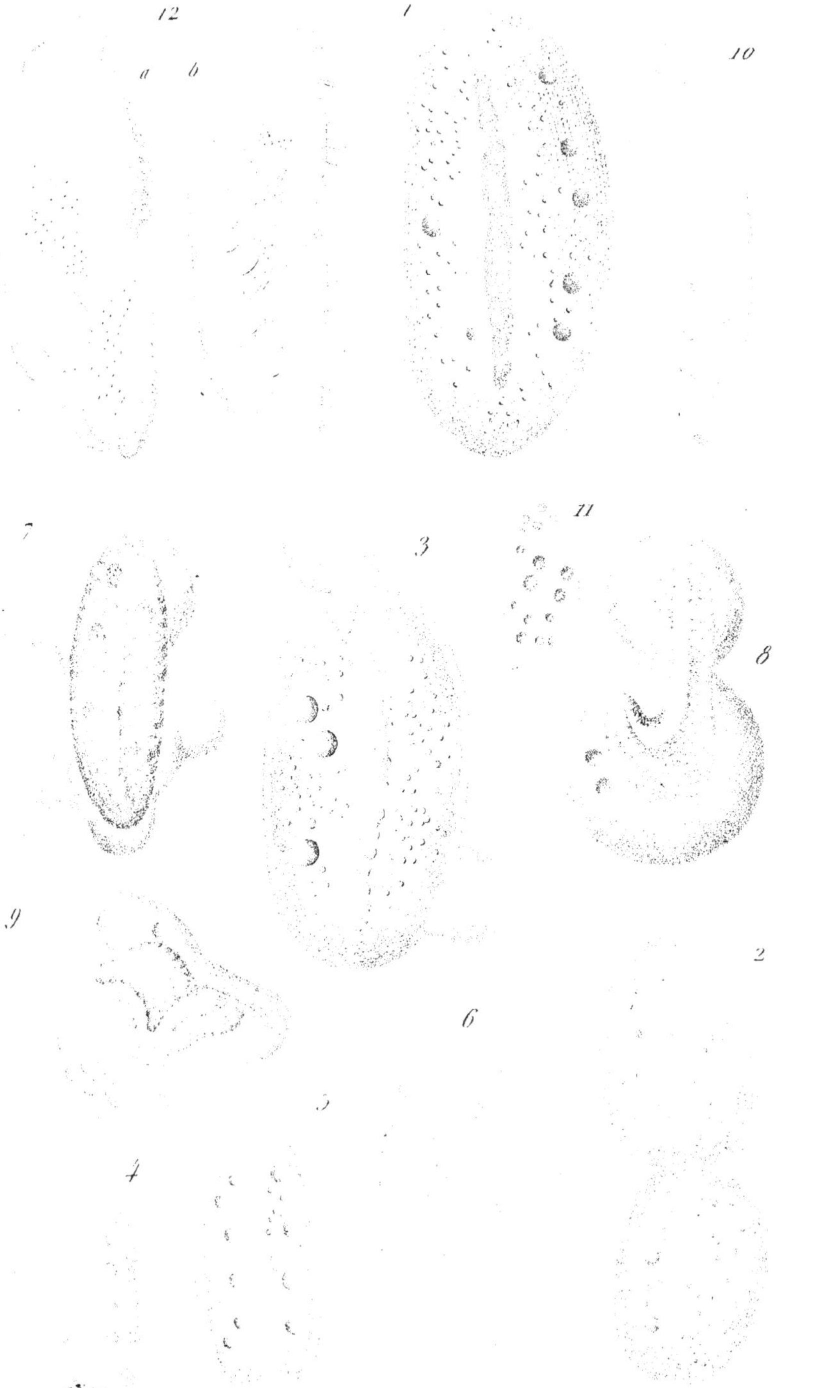

Pl. 9.

Infusoires parasites du Lombric. Leucophres et Plagiotome.

Plæsconiens et Erviliens.

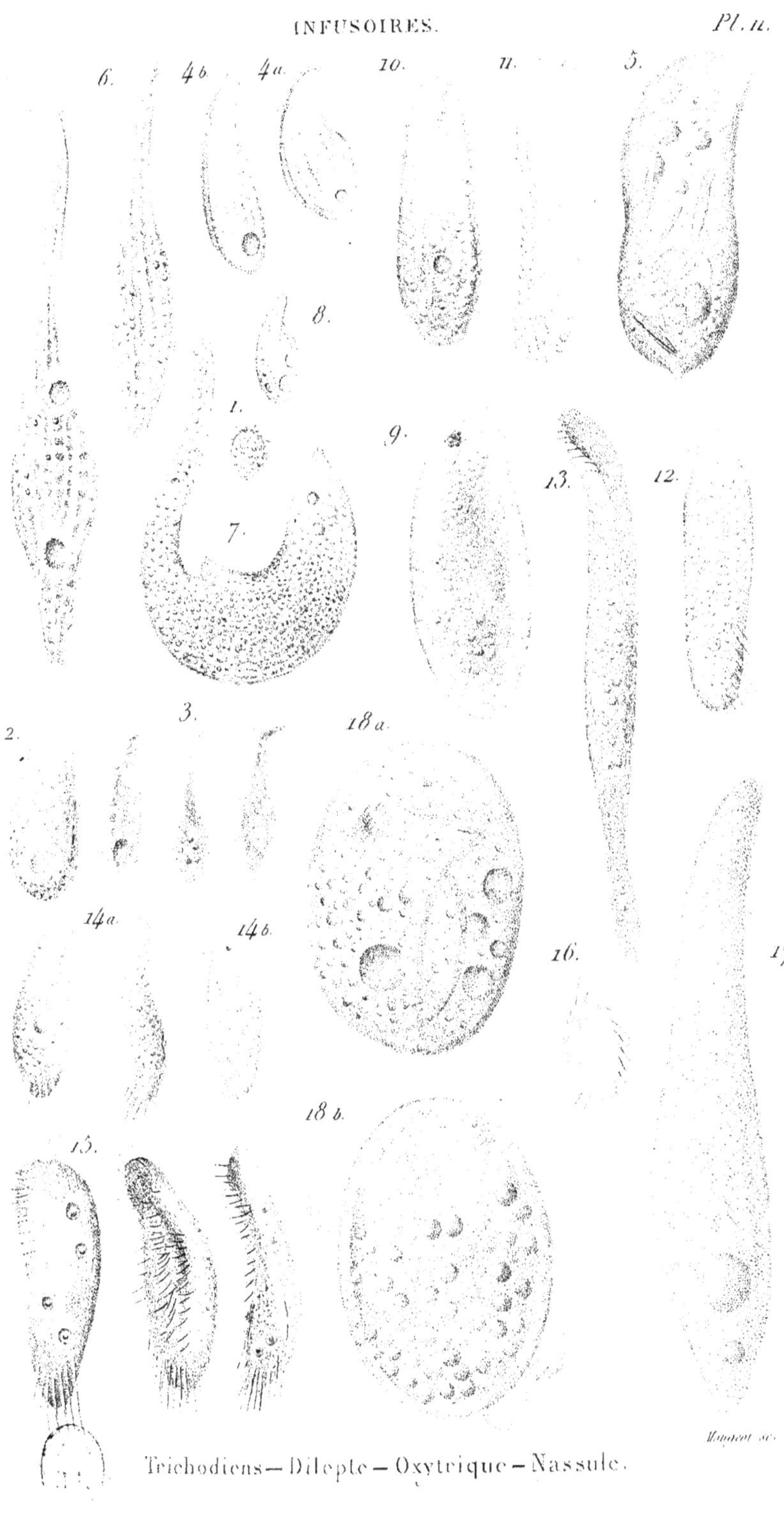

Trichodiens — Dilepte — Oxytrique — Nassule.

Holophre – Kondylostome – Spirostome

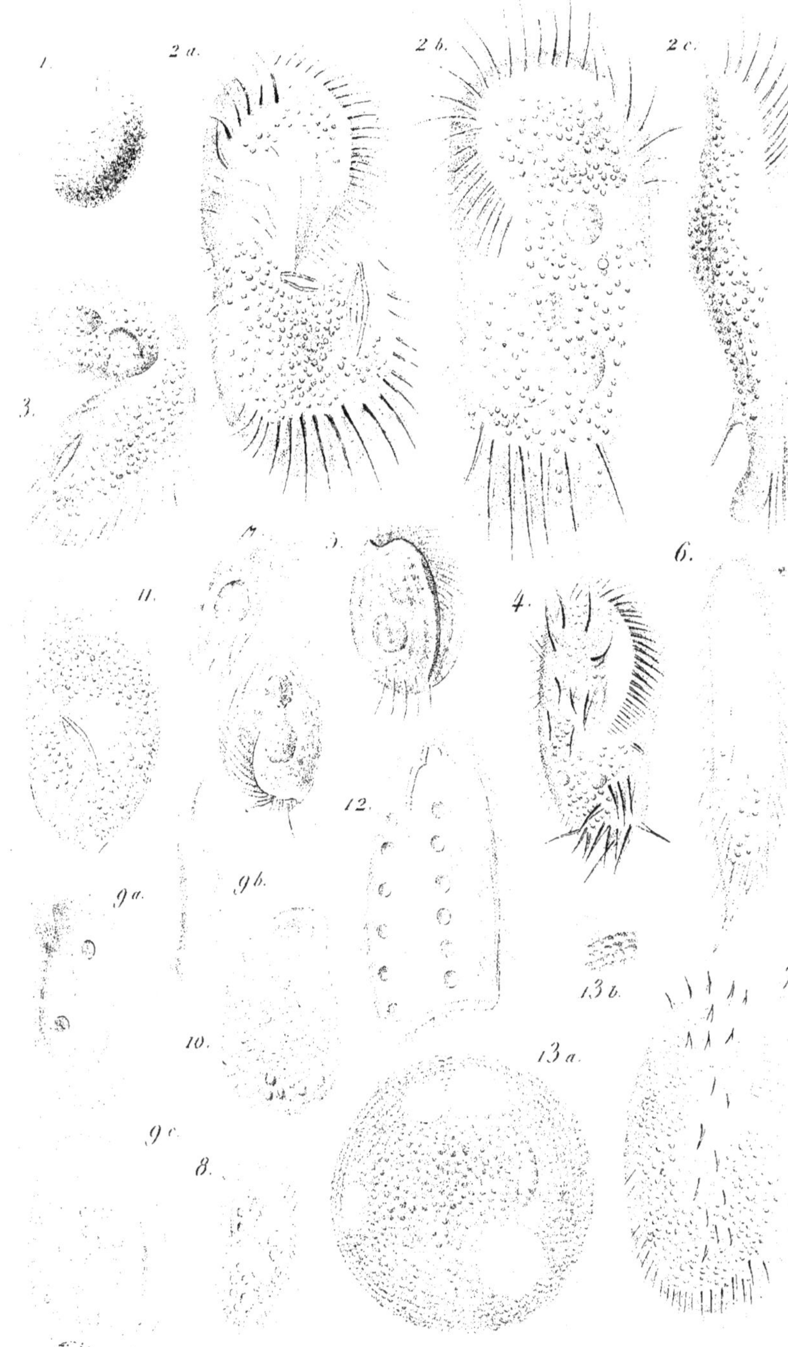

Kérones — Ploesconie — Loxodes etc.

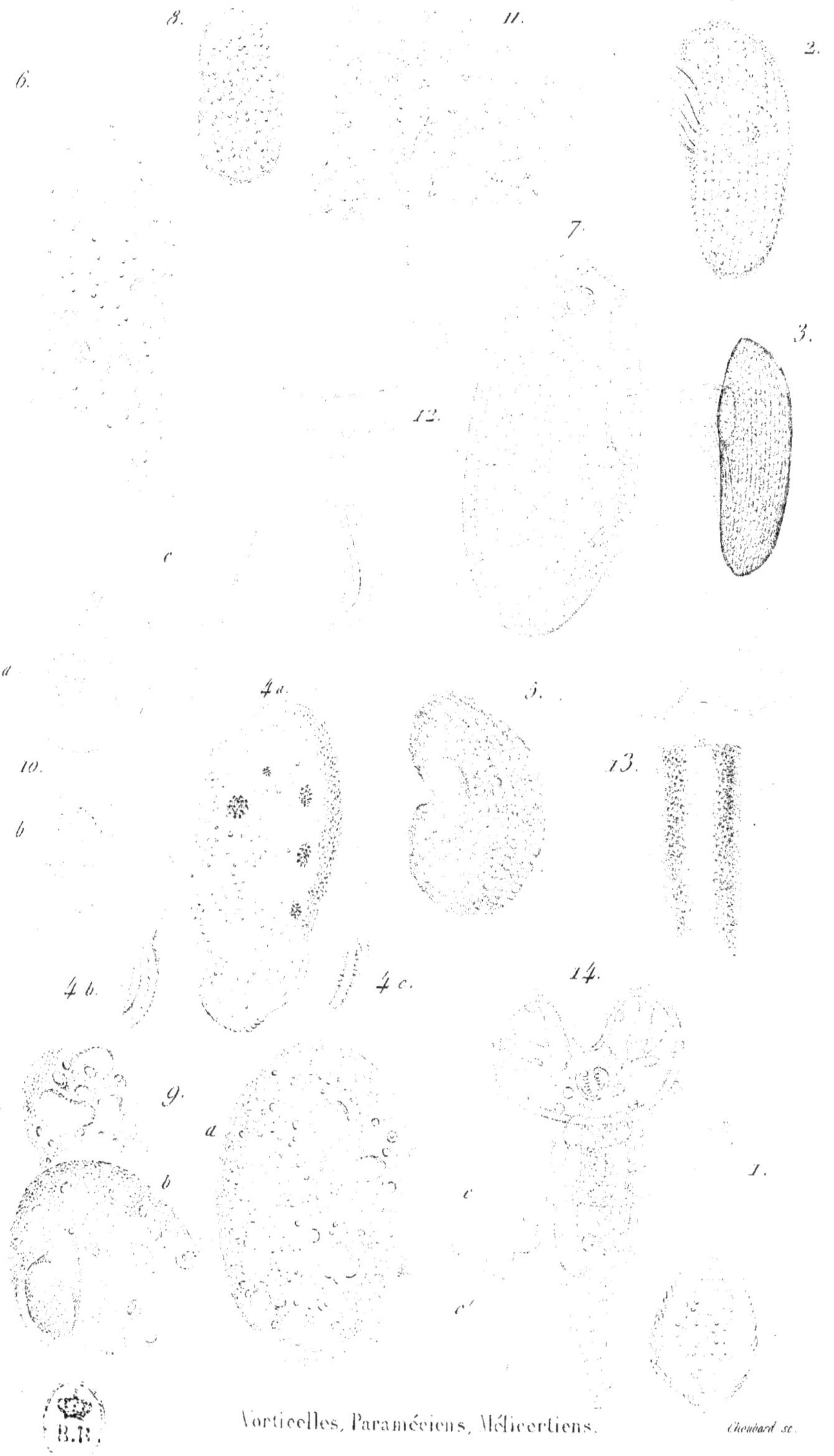

Pl. 14.

Vorticelles, Paramèciens, Mèlicertiens.

Choubard sc.

1 a.
1 b.
1 c.
1 e.
1 d.
1 f.
2.
3.
Stentor.
Thoubard sc.

Pl. 16.

Vorticelles, Urcéolaire, Coleps.

1 b.

4 b.

4 a.

1 a.

1 h.

3.

2.

5.

1 d.

6 a.

1 g.

1 c.

6 b.

6 c.

1 f.

7.

1 e.

6 d.

Vorticelles — Vaginicoles etc.

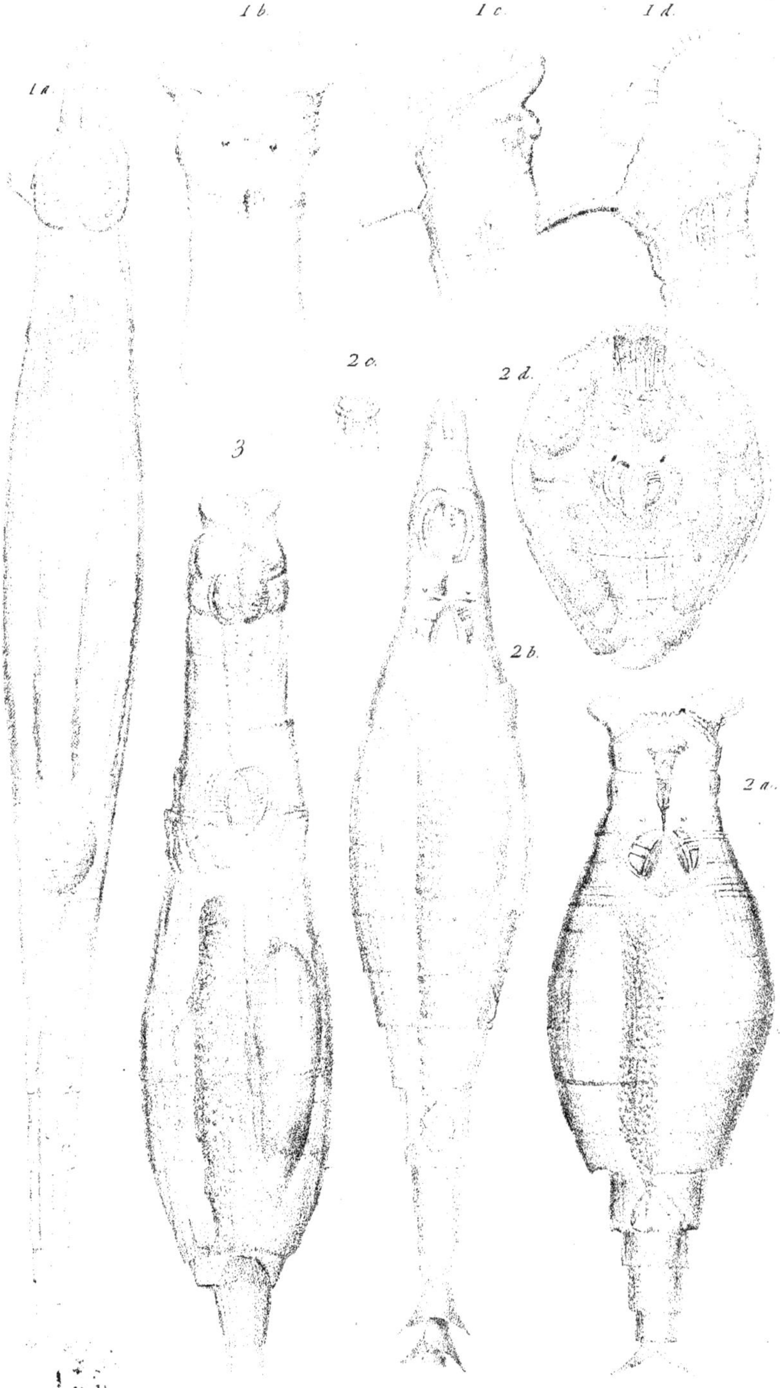

1 a. 1 b. 1 c. 1 d.

2 c. 2 d.

3

2 b.

2 a.

Rotifères.

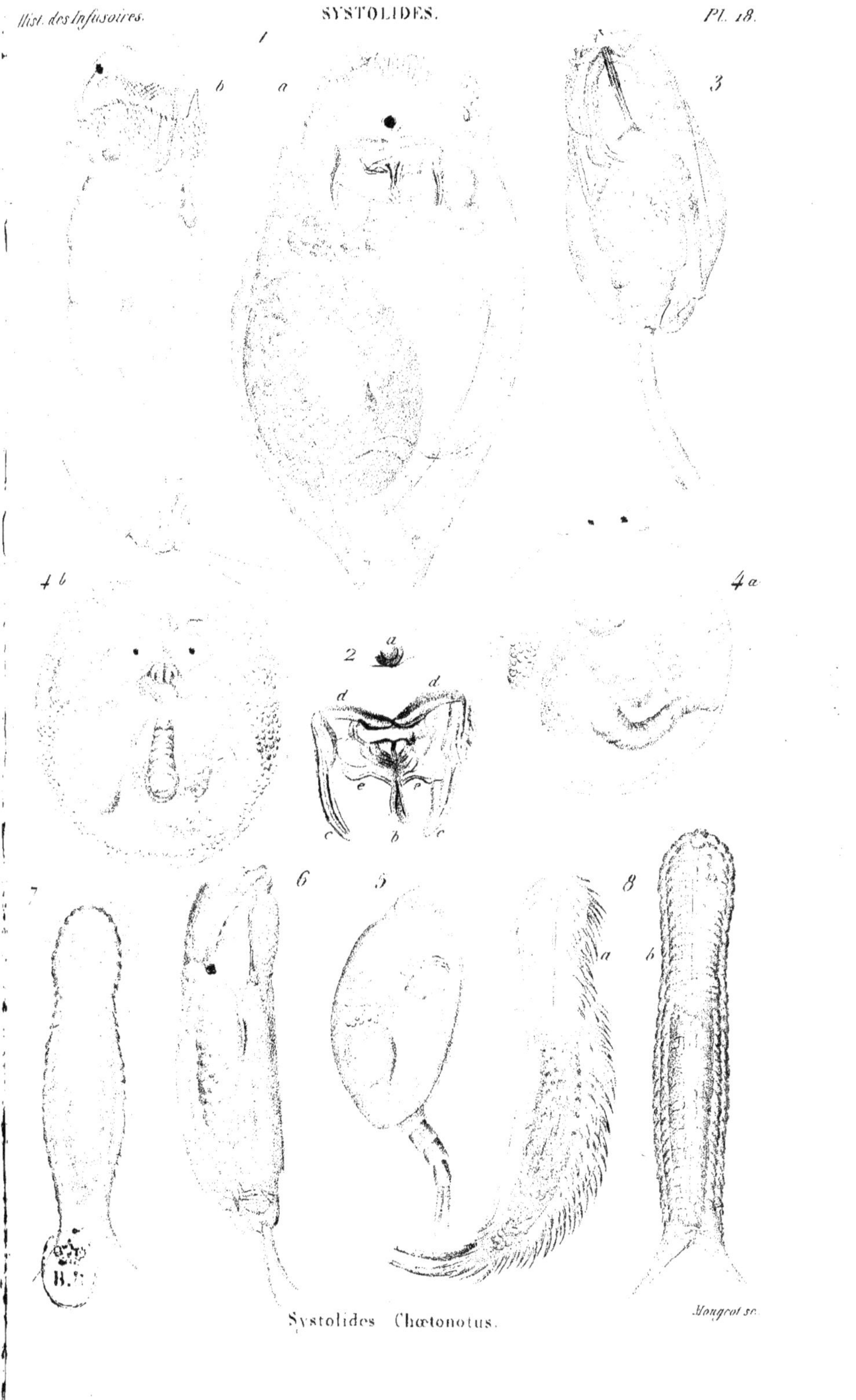

Systolides Chœtonotus.

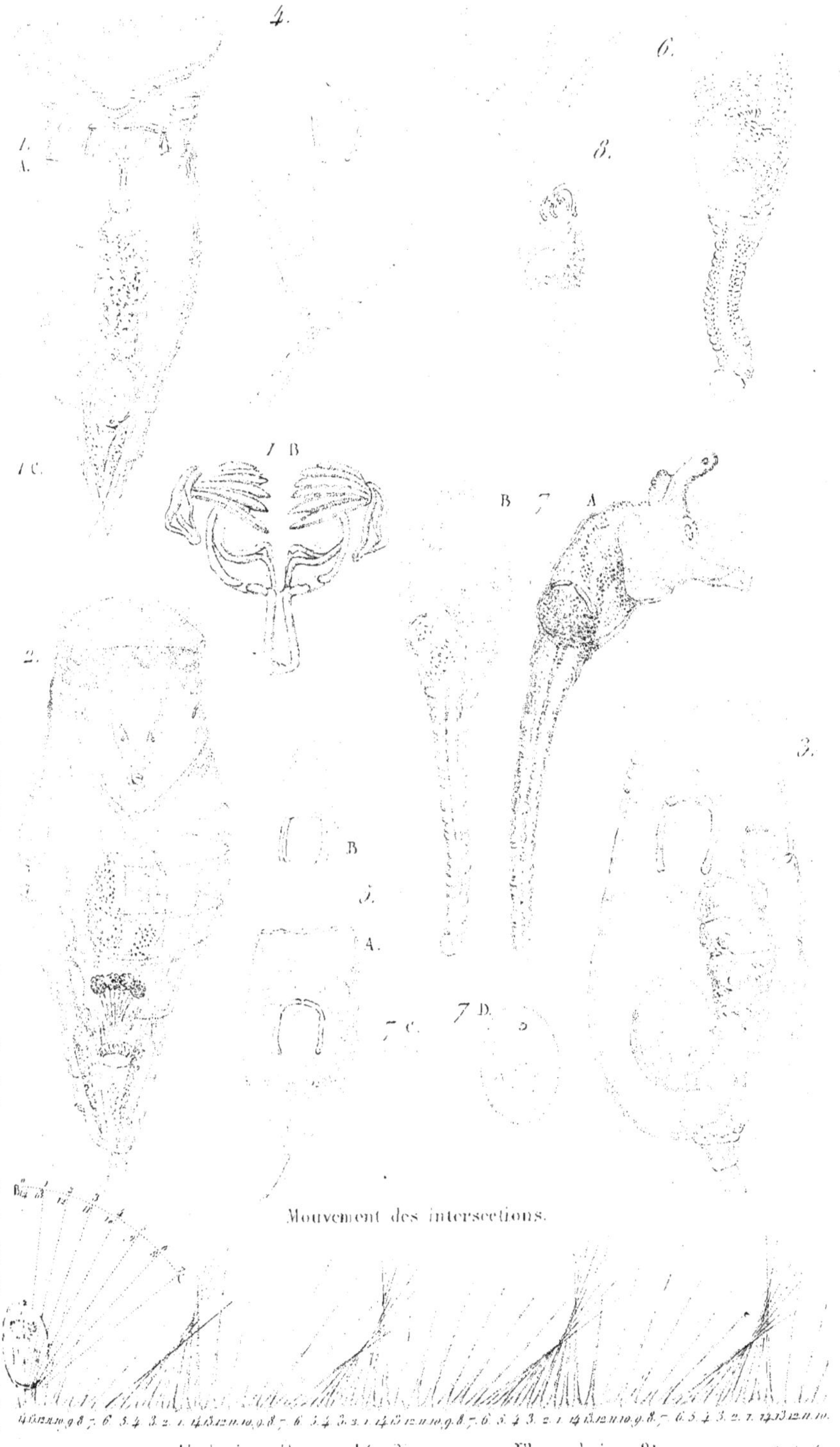
4.
6.
8.
1.
A.
1 C.
1 B
B
7
A
2.
3.
B
5.
A.
7 C.
7 D.
Mouvement des intersections.

Hydatine, Enteroplée, Notommate, Flosculaire &c.

Choubard sc.

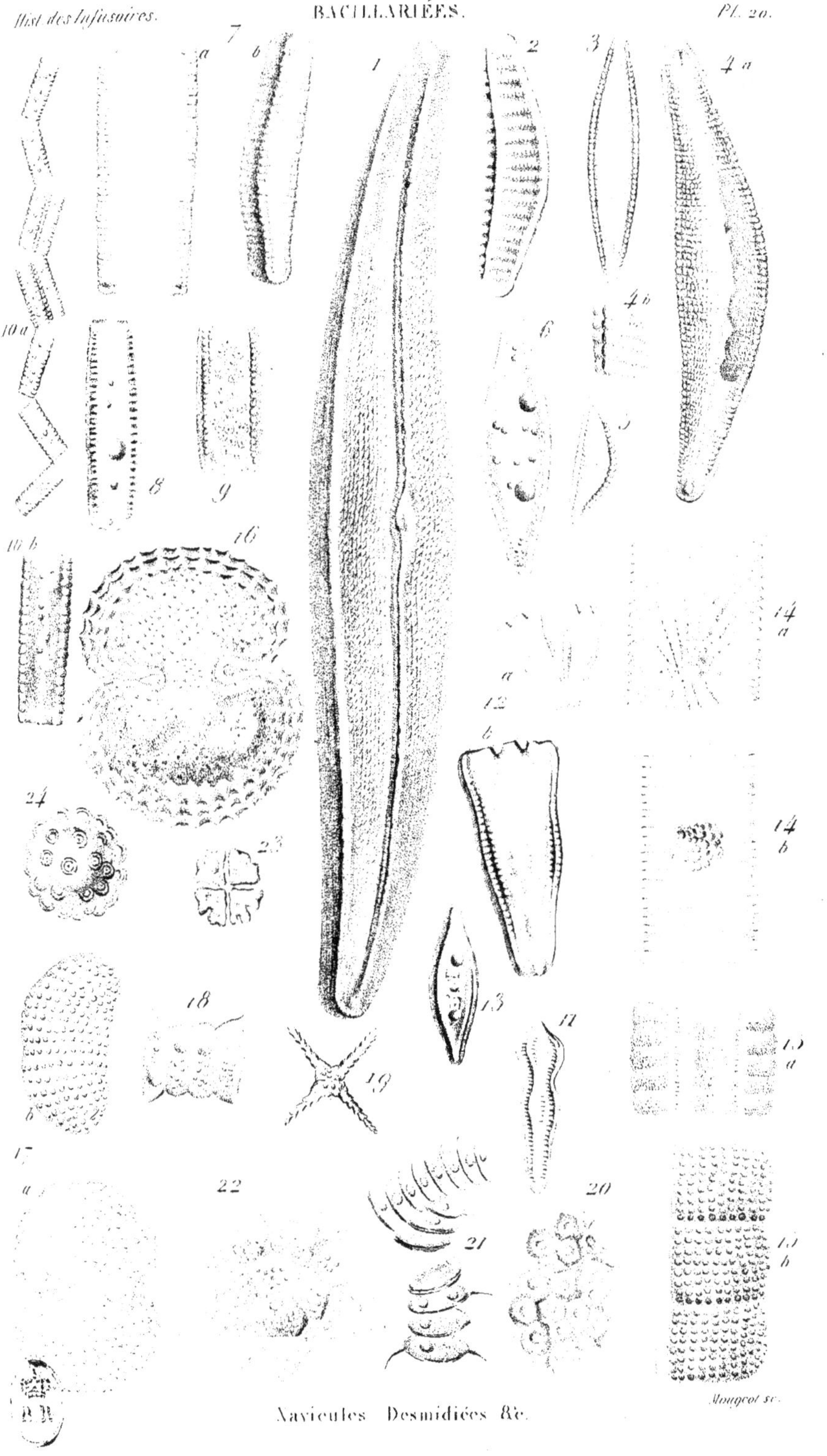

Navicules Desmidiées &c.
Mougeot sc.

Brachioniens.
(Brachion — Salpine — Ratule — Lepadelle — Polvarthre)
Notommate — Plagiognate.

Albertia — Lindia — Furculaire — Tardigrades.